中式特调酒鉴赏

曾娜　李宾　主编

四川大学出版社
SICHUAN UNIVERSITY PRESS

图书在版编目（CIP）数据

中式特调酒鉴赏 / 曾娜，李宾主编．-- 成都：四川大学出版社，2024．8．-- ISBN 978-7-5690-7059-0

Ⅰ．TS262.3

中国国家版本馆 CIP 数据核字第 20240AM423 号

书　　名：中式特调酒鉴赏
　　　　　Zhongshi Tetiaojiu Jianshang
主　　编：曾　娜　李　宾

出 版 人：侯宏虹
总 策 划：张宏辉
选题策划：唐　飞　张建全
责任编辑：唐　飞
责任校对：卢丽洋
装帧设计：天工开物
责任印制：王　炜

出版发行：四川大学出版社有限责任公司
　　　　　地址：成都市一环路南一段 24 号（610065）
　　　　　电话：（028）85408311（发行部）、85400276（总编室）
　　　　　电子邮箱：scupress@vip.163.com
　　　　　网址：https://press.scu.edu.cn
印前制作：天工开物
印刷装订：成都市川侨印务有限公司

成品尺寸：192mm×260mm
印　　张：9.25
字　　数：112 千字

版　　次：2024 年 8 月 第 1 版
印　　次：2024 年 8 月 第 1 次印刷
定　　价：88.00 元

扫码获取数字资源

四川大学出版社
微信公众号

品饮另一种历史

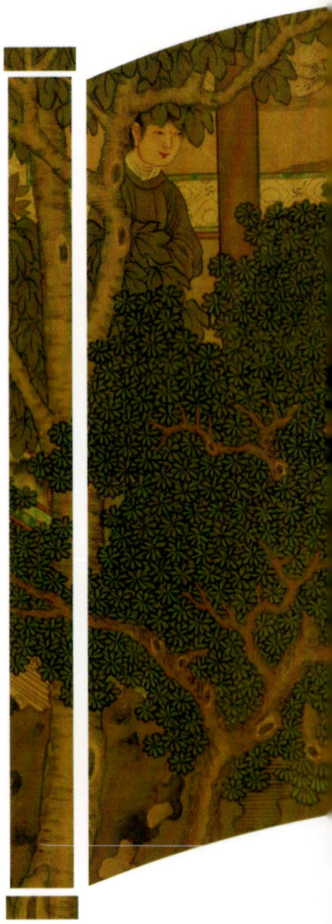

喝酒这件事，
中国人从来都很讲究

中国人为什么这么喜欢喝酒？
这个看似理所当然却又复杂的问题，
勾起我们对『喝酒』本质的思考。
溯古观今，喝酒这件事，
无论大俗大雅，绝不是一通囫囵，
而是品饮文明、礼序、风雅、生活、传承……

品饮文明

约1000万年前，受地壳运动和气候变化影响，人类祖先开始从树栖生活转向地面生活，第一次尝到高度发酵的落果，也第一次尝到“醉”的美妙感受，从此将“嗜酒”的癖好传给了子孙。

伴随原始祭祀文化的诞生，人们以酒通神，祈求先祖、神灵的庇佑，在“醉”的自我探寻与追问中，悄然开启文明的曙光。

在原始酒祭中，主祭人须是部落地位最崇高的人，用于祭祀的酒也须是部落最好的酒。

在中华文明的发展历程中，酒与文明一直相伴相生。对“醉”的美好追求，客观上推动着文明的前行。可以说，中国酒文化是了解中华文明的重要钥匙。

自然发酵的酒 ⇒ 人类驯化微生物而酿制的发酵酒 ⇒ 中国蒸馏酒

品饮礼序

携带远古文明辉光的酒，也融入“礼”的形式，演绎中国人治国安邦的法则和安身立命的根本。无论是“国之大事”祭祀与战争，还是日常生活的宴饮交往，都不缺少“酒礼”的理性规范与感性调剂。

对于中国人，不管你会不会喝酒，酒都注定与你相伴终生。且不说人生成长中重要的满月酒、婚宴、寿宴、丧祭，光是联络同好、招待宾客、节庆欢聚等，就少不了酒。

至于其中的“酒礼”，本身就是一门大学问，更别说不同风土形成的酒俗差别。从某种意义上说，无处不在的酒礼，将我们彼此联系在一起，强化了中华民族共同体意识。

中国人不管来自何方，都有一个共同的文化，这个超越风俗、方言、地域的共同文化就是“礼”。——国学大师钱穆先生

◎《红楼梦》第十八回 皇恩重元妃省父母 天伦乐宝玉呈才藻

“何处更衣，何处燕坐，何处受礼，何处开宴，何处退息”，寥寥几笔便足以窥见古代宴饮的礼俗规范。

品饮风雅

谈及酒，必绕不开中国文人士大夫——中国文化奠基与传承的重要力量。文人的酒，寄托文人的风骨与理想，折射其所在历史时期的时代风雅。

“唯酒无量，不及乱”“饮酒以乐为主”……

诸子的酒，传诵春秋的百家争鸣。

“置酒乎颢（hào）天之台，张乐乎膠葛（jiāo gé）之宇。”

司马相如的酒，回荡大汉王朝的开拓进取。

“清朝饮醴泉，日夕栖山冈。”

阮籍的酒，恣肆魏晋风流的放浪形骸。

“兰陵美酒郁金香，玉碗盛来琥珀光。”

李白的酒，挥洒大唐盛世的大气磅礴。

“一曲新词酒一杯，去年天气旧亭台。”

晏殊的酒，烹煮雅宋的素简幽静。

“非深非浅谪仙家，未饮陶陶先醉心。”

袁宏道的酒，摇曳大明的闲适精雅。

那一杯杯文人的酒，
氤氲沉醉古今的东方风雅。

品饮生活

千年酒香，浸透生活，便多了几分情调。独酌有一人的幽情，对饮有众人的欢趣。山水间，烟火处，酒无一不是对人生、对自我、对生活的感知与关怀。因此，饮酒对时节、环境乃至饮酒的人，都有了更深情的要求。

及至寻常人家，只为家和心安，众人欢饮，拼得杯盘狼藉，不过是生活淳朴的底色。大俗大雅，雅有雅的安好，俗有俗的热闹，俗雅一家，共饮人间活色生香。

醉月宜楼，醉暑宜舟，醉山宜幽，醉佳人宜微酡，醉文人宜妙令无苛酌，醉豪客宜挥觥发浩歌，醉知音宜吴儿清喉檀板。

——明·袁宏道《觞政》

品饮传承

酒所承载的丰富内容，让其在人类文明的发展进步中演绎着重要角色。文明与酒相濡共生，中国独有的人文风物造就了白酒，而白酒也酝酿了特有的中式文化与生活。白酒的一饮一酌，都饱含着独具中国气质的历史观、文化观、艺术观、生活观……

为了更好地呈现中国白酒的品鉴文化，泸州老窖结合自身的品鉴艺术与经验，首开中国白酒品鉴技艺类专著之先河，编撰出版了《中国白酒品鉴之道》一书，系统展示泸州老窖集大成的品鉴艺术成果，促进行业间的交流分享，探索中国白酒的创新发展。

其中，中式特调酒是该书成果的一大亮点，得到许多品饮爱好者的好评。

正因如此，泸州老窖精心编撰了这本《中式特调酒鉴赏》。它系统展示了泸州老窖中式特调酒的理论体系与研发成果，以及泸州老窖如何在传承中实现创新，反哺中华优秀传统文化的薪火赓续。

本书从中国文化的古风遗韵中汲取灵感，将传统文化与当代生活相连接，再现和创新东方生活美学，从而掀起传统与时尚兼具的东方品饮浪潮，以期吸引更多的人沉醉东方品饮的浩瀚文化与浓香魅力。

喝酒这件事，中国人从来都很讲究。它在中国酒文化的诗礼相续中，融汇个体生命的心绪感悟与中华民族的情感共鸣，浸润中国传统哲学与古典审美，成为人们生活中不可或缺的一部分。

目录

源起东方的浓香酒饮

中式特调酒理论体系

用“心”特调同一个世界

中国人喝酒的讲究，不只在于怎么喝，还在于喝什么。除了日常的黄酒、白酒，配制酒的身影也流连于中国人的生活。

以五千年文明的蔚然想象，演绎东方品饮大观。

商周的郁鬯香酒，秦汉的节日用酒，魏晋的“饮花”时尚，大唐的蔗浆百搭，两宋的文人自酿，明清的花露兑酒……

明代科学家 李之藻刻本《坤舆万国全图》

当鸡尾酒风潮随着大航海时代的开辟而传遍全球，中国人悠久厚重的品饮传统，让中国酒业呈现出海纳百川却又泾渭分明的姿态。

如何让中国白酒走向世界？泸州老窖用“中式特调酒”提供了一种新的答题思路。传承非遗技艺，溯源煌煌周礼，从“水、浆、醴、凉、医、酏”六个灵感维度，演绎传统“中国味道”与世界融合的新表达，建立东方品饮典范，特调“同一个世界，同一个梦想”。

水

浆

醴

凉

医

酏

水

遇“水”，成妙

醉，是一种返璞的极境

在周代，祭祀所用之“水”为何被称作“玄酒”，更位居“六饮”之首？

泸州老窖“水”类中式特调酒，以白酒冰饮，诠释中国人返璞归真、上善若水的酿造智慧。

“黄河之水天上来，奔流到海不复回。”

一直都惊叹于诗仙的夸张想象，直到无意间了解到水的“外源说”——地球上最初的水，很大可能源自小行星。这不禁让人联想到，原来古人很早便以水为师，探索世界的本源。

《管子》有言："水者，何也？万物之本原也。"水之形，水之韵，水之净，水之道……水的诸多美好，激发人们以水的各种存在形式探索本源的美妙，或一篇诗文，或一幅山水，或一杯佳酿……

返璞归本，水中有真意

回溯时间之河，早在周代，追求卓越的古代酒匠，便心怀质朴，叩问星河，踏上对水“大道至简”智慧的极致追求之路。

周代酿酒有着严格的礼制规范，尤其是用于祭祀的“五齐三酒”，便分别采用“明水”和“玄酒”酿造。

玄酒，是酒，也非酒。人类历经“污尊抔饮”的蒙昧，才迎来文明的辉光。“敬天法祖”的华夏先民，便用象征文明之源的质朴的水，来表达对祖先的敬意和永不忘本的传承。

玄酒，新鲜素洁的井水。因其净，德行方厚；因其朴，敬意方诚。

如果说玄酒的“净”多少还带有“朴”的特性，那么明水就是纯粹地追求本源之“净”。

人间雨露，自是上天恩泽，定是纯净的天地精华。正是古人的这一观念，让明水也就是露水，登上饮用与酿造用水的神坛。

有趣的是，周代“五齐”“郁鬯”以明水用蘖法酿造，而酿造时间更长、味道更厚的“三酒”，则是以玄酒用麴法酿造。用今天的话说，井水中含有更多的有益矿物质。

酿露为酒，掬水留香

露水的采集本就费时费力，因此酿露为酒通常出现在物质、精神都极为丰富的盛世。《史记》中有名的汉代承露盘，便是汉武帝所建，用以承接长生不老的仙露。

唐代的甘露、天酒传说，更是引起人们对唐代已有蒸馏酒的遐想。及至明代，文人士大夫对生活品味的讲究，让“雨露酿酒”成为当时一种雅致的时尚。

那位“湖心亭看雪”的张岱，曾“新雨过，收叶上荷珠煮酒，香扑烈”。

严格来讲，张岱收集的“荷珠”，只能算雨水在荷叶上的残留。真正用露水酿酒的，还得是明代名酒“秋露白”。在明人编绘的《食物本草》中，便提到用玉盘收集自草叶滴落的秋露来酿酒。

秋露酿酒并非人人可为，但中国人对酿造的极致追求却从未止步。比如“水酒”一词，通常认为是古代受酿酒技术限制，酿出的酒度数低，像水一样寡淡。但这不过是后世的评判，如果置身彼时彼地是否又会不一样？“水酒”“薄酒”多是招待客人的谦辞，比如“特备一杯水酒接风”“略备薄酒”。

对于守礼好客的中国人，招待客人又岂会不拿出最好的酒？

“饮仙家水酒两三瓯，强如看翰林风月三千首。”
——元·不忽木《仙吕·点绛唇·辞朝》
不难看出，“水酒”在古人心中算得上是仙家之物。

纯粹是择一而终的极致，极致是万道归一的纯粹

水乃酒之血，酒自然也承袭水的智慧。

在中国传统哲学思想中，“水”近乎“道”。“水清则明，水之性也”，水本纯粹，无念方致远；又曰“上善若水”，水道极致，至柔亦至刚，至简亦至繁，以无为而达无所不为。

这些思想既体现了中国人“由简至繁，再由繁返简”的认知世界的过程，也成就了止于至善的中国酿酒史。

从“水”中而来，到“水”中而去。在这部酿酒史里，白酒是中国酒传承发展的升华，以好水酿酒，又复归于“水”，在通往极致的探索中，愈发纯粹、浓香。

敦煌榆林窟第3窟　酿酒图

商周曲蘖酿酒，汁渣混合 ⇒ 秦汉重酿，酒由浊至清 ⇒ 元代蒸馏酒酿制

在匠心凝聚的浓香美酒里，我们足以品味万千。哪怕是细微变化，也能带来不同的品饮体验。正如国窖1573冰饮之于纯饮，虽是同源，却呈现出两种不同的酒体性状和品饮意趣。

当然，并非所有的白酒都可以冰饮，这与酒的品质有关。国窖1573冰饮一般分为直接加冰和冰镇两种模式，二者各有“指标”，对加冰量或是温度的把控都很考究。

可以说，国窖1573冰饮就是一种独特的中式特调酒，它通过看似简单的调制手法，直观感受白酒的纯粹，恰似留白艺术，以至简创造无限。

纵观中华文明的历程，我们因黄河、长江而崛起，知水乐水，以止于至善的智慧而自强自立，永葆纯粹初心，用不断传承创新的中国白酒，守望传承，续写东方传奇。

龍泉井

秋露白

水类中式特调酒

灵感

露从今夜白，人伴几时醉？山河千古，澄思如水，遥寄中国文人寻溯真源、攀登极致的精神。待浓香入盏，共人间，品风清、月明、秋净、酒醇……

配方

国窖1573酒 / 冰块

口感

国窖1573冰饮的黄金温度是12℃，此时酒体愈加平衡，入口清爽明快，醇香绵甜，幽雅细腻。

酒度 52 %vol

浆水

“浆”心比心，果真诱人

重温人类最初的“醉”美本能

周代“六饮”中的“浆”，即“酢（cù）浆”，也就是醋酒；又或是用水浸小米（或奶酪）制作而成的微酸饮料。

泸州老窖“浆”类中式特调酒，以浓香白酒为基酒，以新鲜蔬果汁为辅料，带您感受天然果酸的魅力。

在《圣经》里，亚当、夏娃不顾上帝吩咐偷食禁果，产生情欲，成为人类的原罪。即便是全知全能的上帝，都不能阻止这一结果。不过，为什么伊甸园的“禁果”是水果而非其他？

在东方的神话里，也有着类似的情形。夸父逐日，渴死在路上，丢下的手杖却化作一片桃林。这片留存至今的桃林，似乎在映射人类在征服自然未果后（逐日失败），转向改造自然（化原野为桃林）的本能冲动。而文明正是源自人类改造自然的欲望。

自然的诱惑

中国人爱吃桃是毋庸置疑的。翻阅中国四大名著，无一不有桃的身影。桃，折射着中国人追逐长寿、 爱情、伦理的本能。

到底是水果诱惑了人，还是人“生而向往”？早在“醉与蒙昧”的陶器时代，乃至更久远的时期，人与自然就已形成了“共识”——因为生存。

在人类的采集时代，只有那些善于辨别果实是否可以安全食用的族群，才能获得更多生存与繁衍的机会，将自身的基因传递下去。这一能力至今仍镌刻在人类的遗传系统里。

《红楼梦》里，就连已过古稀之年的贾母也馋这一口，不过是看了宝玉几人吃桃，竟然不顾秋日寒凉、年老胃虚，吃了大半个，害得凌晨三四点起来闹肚子。

植物似乎更早就懂得运用“黑暗森林法则”。在种子还没准备好之前，果实常常酸涩难吃，甚至“以身饲毒”，尽可能地降低存在感。而当种子一切就绪，果实又转身化为“夜空中最亮的星”，让自己暴露在“猎手”的视野内，通过动物或人的食用，帮助传播果实里的种子。

醉，从水果来

鲜艳的色泽，芬芳的果香，是大多数果实的“自我暴露手段”，而最重要的是它的“文明养分”——丰富的营养和糖分。

尤其是来自“甜”的生命体验，让人类为之心驰神往。虽然并非所有的果实都是以“甜”著称，但“甜”无疑是绝大多数果实自然进化的选择。

说到人类早期的甜味来源，蜂蜜应当是最早的，因此蜂蜜酒也是最古老的酒之一。但相比猎蜜的难度，人类更容易从水果中获取甜味。而甜味的获取途径，又直接影响着东西方酿酒文明的方向。

我们知道，酿酒实质上是将原料中的糖分转化为酒精。水果自带果糖、葡萄糖，天然就适合酿酒。事实上，酒最初的形态便是浆果酒，因为是自然发酵，所以不易保存。

葡萄的果皮伴生有酵母菌，不需人为加工，就能实现大自然的自酿行为，天然就适合酿酒。

在东方，中国人更早掌握了曲蘖酿酒和饴糖（麦芽糖）制作技术，加之“农本思想”的深远影响，人们从水果中获取甜味的渴求远没有西方迫切，从而走向了酿酒文明的另一个发端——粮食酿酒。但中国酒与水果的“交往”一直都在，从未断绝。

自周代而来的果香

张骞从西域带回来了葡萄，这几乎成为一种由来已久的共识。但现在看来，这种“共识”恐怕还有待商榷。准确地说，是张骞带回了比中原葡萄更好的酿酒葡萄品种“大宛葡萄”。

河南贾湖遗址、浙江良渚文化遗址，上海马桥文化遗址……许多远古遗址都出土有中国原产的野生葡萄种子。

而贾湖古酒的发现，更将人类葡萄酒的酿造史推至9000年前。对中国古人而言，葡萄远非我们想象中的那么遥不可及。《诗经》中的“薁(yù)”“葛藟(gě lěi)”，便是我们通常所说的野葡萄、山葡萄。

早在商周时期，中国人就已经掌握了葡萄栽培和葡萄贮藏技术，周王室还建有专人管理的葡萄园。

《周礼·地官》记载，“场人掌国之场圃，而樹之果(luǒ)珍异之物，以时敛而藏之”。其中的“珍异”便是“蒲桃(葡萄)、枇杷之属”(郑玄注)。

一截西周时期的吐鲁番葡萄藤的出土，更佐证了周代中原与西域(当时为西羌)已有的繁荣的葡萄文化交流。这不禁让我们产生遐想，周穆王与西王母的“瑶池相会”，或许便是葡萄牵的红线。

因循本能，酿造浓香

喜欢吃水果，是人类的天性。正是对人性的本真思考，掀起了周代的人学思潮，继而推动周代(春秋战国)打破自殷商以来的“崇神”意识，成为中国思想史上的第一个启蒙时代。

“性者，天之就也；情者，性之质也；欲者，情之应也”，荀子就直说，天性、情感、欲望是人必不可免的追求。

从先秦诸子的人文觉醒，到明清的“性灵说”，中国人遵循自然、独抒性灵的思想传承从未间断。而作为中国人生活中必不可少的酒，更是如此。

在北纬28度的泸州，自先秦以来的酒文化传统，与得天独厚的风土条件，让酿造成为泸州的天赋与本能，涵养出“天地同酿，人间共生”的酿造哲学。

泸州老窖从周代人本思想的传承中汲取灵感，开创“浓香六饮”之“浆”，重温人类最初的“醉”美本能。

凤凰山
國
1573
窖

子衿

浆类中式特调酒

灵感

青青子衿，悠悠我心。源自生命的本能，撩动相思的欲罢不能，品味生活瞬间的怦然心动。

配方

国窖1573酒 / 青苹果汁 / 菠萝汁

抹茶利口酒 / 冰块

口感

苹果、菠萝的清甜与果香，与国窖1573充分融合，酒体轻盈，但不失酒骨，优雅果味中，泛起初恋般的青涩。

酒度 5~8 %vol

百香诗

浆类中式特调酒

Ingredients 配方

国窖1573酒 / 芒果汁 / 百香果

Taste 口感

跟随优雅酒香，闯进水果世界，
沉醉于果香醇郁、绵软浓厚的感官品味。

Inspiration 灵感

诗，可言志，可传情，是自我思想与情感的自然流露，
载着万千美好，吟唱时光生香、岁月悠长。

酒度 Alcohol Content: 5~8%vol

醴

这盛世，甘如“醴”

自融合酿出大气象

“春酒甘如醴，秋醴清如华”，周代的“醴”，是用黍米、稻米、高粱等酿制的一种甜酒，类似醪糟。

泸州老窖“醴”类中式特调酒，以浓香白酒为基酒，兼容东西方食材，勾调世界大同的理想。

“绮席卷龙须，香杯浮玛瑙”，当源起希腊、流行于亚欧大陆的古老酒器“来通杯”，以东方匠艺的巅峰表达展露容颜，将会怎样惊世动人？国之重宝“唐镶金兽首玛瑙杯”，或许便是答案。

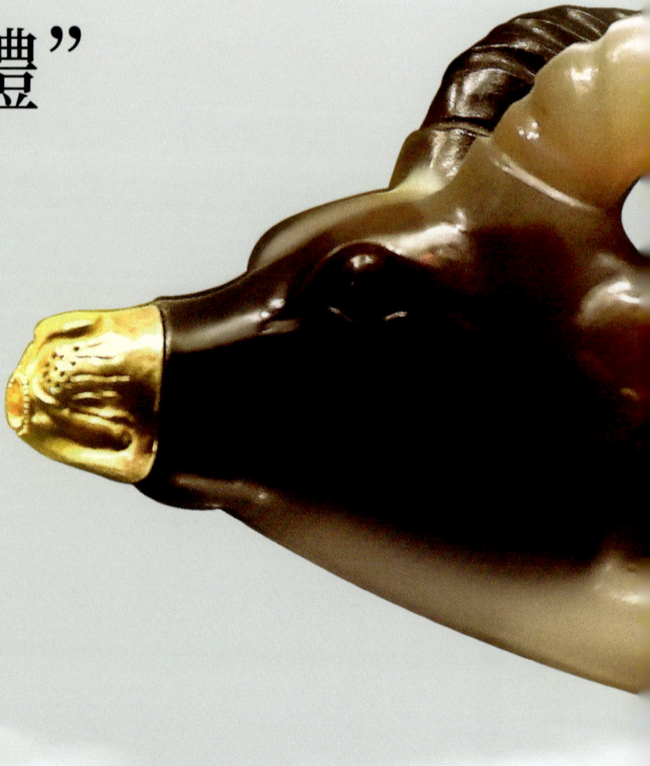

东方神韵与异域风情美妙融合，
让人对本就心心念念的大唐，
有了更生动的浮想。
那是醉入烟火人间的自由开放，
更是东西方文化交汇的大气象。

融合，是技艺更高级的呈现，也是文明更自信的表达。玛瑙杯中的大唐芳醴，氤氲中国人对盛世的一切想象。

每一个朝代，都有其让人偏爱的风情。但没有一个朝代，像大唐这样让人心驰神往，为我们共同喜欢。国力昌隆，万邦来朝，文化腾达，诗文璀璨，开放自信，气象万千……无不彰显一个大国所应有的理想风范。

中国的巅峰，世界的大唐

海纳百川的大融合，让大唐以全方位的开放姿态，“别创空前之世局”，成为“中国最具世界主义色彩的朝代”，也成就彼时开放自由的世界中心。

唐 阎立本《职贡图》

彼时，无论你走到哪里，一句“从东土大唐而来”，便是最好的通行证；而无论你来自世界何处，大唐都有你的容身之所，饮下这碗酒，便是大唐人。

这一碗酒，同样也烙印着大唐多元文化交汇融合的气象。

如果你能逛一逛彼时的唐长安西市，或许难以找到同款的镶金兽首玛瑙杯，但诸如胡瓶、八棱金杯等别具异域特色的精美酒器还是寻常可见。

令唐代诗人们流连忘返的“胡姬酒肆”，早已成为大唐长安的一道独特风景。要是有幸尝到胡姬端来的三勒浆酒，你更能品味到中国食材与波斯酿艺的美妙融合。

如果说盛唐的酒，蕴藏大国盛世的理想，那么，大国盛世的浓香甘美，怕唯有“醴”之一字方能尽品。从酒最初的形态，到万千美酒的最佳代言，“醴”亦如泱泱大唐，融合天下，气象万千。

三勒浆酒，是唐代东西方文化融合的产物，酿酒方法源自波斯；三勒，是三种源自印度的植物——庵摩勒、毗梨勒、诃梨勒，中国本地也有种植，唐以前只用作药材。

『吹箫舞彩凤，酌醴鲙神鱼』

『玉池流若醴，云阁聚非烟』

『彩云按曲青岑醴，沈水薰衣白璧堂』……

『醴』满载诗酒的欢愉，

让隔着一千多年的大唐，蓦然清晰。

“醴酒”里的大气象

醴酒在商周时便已出现，不过最初“醴”与“酒”是两种不同的酒，“醴”字本义，是用五谷酿造的酒。在古代，五谷有着明显的地位等级划分，其中稻的等级最高。这其实也符合“醴”的发展。

> 醴：糵（niè）造酒，即用生芽的米做糖化发酵剂而酿出的酒，类似于啤酒。
> 酒：麴（曲）酿酒，即用酒曲酿造的酒，如黄酒、白酒。
> “若作酒醴，尔惟麴糵。”——《尚书》

醴是酒的早期形态。而最初的醴，主要便是稻米酿造的，因称“稻醴”。到了周代，醴的种类愈加丰富，黍醴、粱醴、酏醴……也就是说，稻、黍、粱，甚至清粥等，都是醴的酿造原料，进而丰富了醴的意义指向。

> “始自空桑委余饭郁积生味。黄帝始作醴，夷狄作酒醪，杜康作秫酒。周公作酎，三重酒。汉作宗庙九酝酒……”——明·张岱《夜航船》

不过，“醴”是一夜酿成的，相比“酒”，味道淡薄，更像饮料。汉代，糵造酒开始被人摒弃，原本用于酿酒的糵造法转而用于制造饴糖，也就是我们所说的麦芽糖。

但“醴”并没有因此消亡，而是基于“甘美”的本源意象，不断汲取、融合与之关联的一切美好，华丽蜕变为中国传统文化中的至美意象之一。

> 最美的酒，叫“玉醴”；最香的酒，称“芳醴”；最甘冽的泉水，冠以“醴泉”之名……

让世界品味的浓香盛世

中华文化薪火相传，“融合精神”一脉相承。从古至今，一路传承、融合、创新，终令世界叹为观止。作为中国酒文化的一部分，“泸州老窖酒传统酿制技艺”也是在融合中发展创新。

明代，“国窖始祖”舒承宗，融会贯通泸酒技艺与略阳酒艺，兼采两家之长，系统总结并探索出一整套老窖大曲酒的酿造工艺，使浓香型大曲酒的酿造进入“大成”阶段，奠定了泸州老窖“浓香正宗”的血统。

在全球化的今天，泸州老窖创新开创“中式特调酒”，便是实现传统“中国味道”与世界融合的新表达，以世界鸡尾酒语言，讲好甘美如醴的浓香中国故事。

酒
大典封藏

梦回大唐

醴 类中式特调酒

灵感

那年，长安，观万国来朝，听诗仙吟狂，与万种风流、万千气象，共醉世界的大唐。

配方

国窖1573酒／樱花糖浆／樱花酱
乳酸菌饮品／柠檬汁
红树莓／薄荷叶／冰块

口感

酸甜适宜，微甜的花香气息中，透着国窖1573酒的醇厚柔和。樱红优雅的酒体，点缀金色食材，恍若轻吟大唐的梦。

酒度 5~8 %vol

望古怀今

醴类中式特调酒

Ingredients 配方

国窖1573酒 / 酒酿 / 桂花绿茶

海苔 / 乳酸菌饮品 / 桂花糖浆 / 干桂花

Taste 口感

酒体协调，口感清甜，酒香、花香、茶香、米香相得益彰，

协奏百花齐放、诸香和谐的感官乐曲。

Inspiration 灵感

望古，以史为镜，兴替自明。怀今，传承致远，砥砺前行。

知其所来，方知所往，见天地众生，人间正道是沧桑。

酒度 Alcohol Content: 5~8%vol

凉

“凉”风有信
浓香无边

东方冰饮的爱而难得

周代的“凉”，是以糗饭加水及冰制成的冷饮。其中，糗饭指的是炒熟的米或面等。

泸州老窖“凉”类中式特调酒，以浓香白酒为基酒，搭配各种天然水果，制作东方沙冰，续写中国人的冰饮传统。

越是爱而不得，越是念念不忘。习惯冰箱存在的时代，早已淡忘人类曾经对“冰”的追逐与渴望。那是源于对生活的深情，不以物惑，无论朝代更迭，以东方冰饮的盎然情致，演绎中国人生命的诗意与浪漫，历经三千年而不变。

宋式生活的“冰凉”情致

恐怕再没有哪个朝代的人，比宋朝人更懂得生活。

即便烦热也舍不得摘下的簪花，书房歇凉仍不忘挂着的自画像，夏日消暑必可不少的冰饮……无不诉说着宋人生活的“小确幸”。

说到冰饮，《宋史·礼志》里的蜜冰沙，就令人垂涎。绵密细腻的红豆沙，浇上纯天然的蜂蜜，兑入细细打磨的碎冰，就成了宋人的“夏日爆款”。

即便如此，蜜冰沙也不是常人能够享受得起。作为皇帝每五日给大臣的特别赏赐，这款“皇家潮饮”，自然受到文人士大夫的追捧。

不过比起权力与财富，宋代文人更看重生命本身存在的意义。光是沙冰还不够，冰水果、冰点心、冰酪、冰茶、冰酒……当原本被锁在四季一端的“冰”，历经重重困难，出现在为消暑困扰的古人面前，那些万物可“冰”的意趣，无不诠释宋代文人在“安身”之后，从容地“立命”生活。

冰，心生向往，爱而难得

在宋代，“冰”虽然已由“王谢人家”进入市民阶层，但想获得“冰”，仍然远非想象中那般容易。

事实上，直到明清，“冰”一直都是“国有资产”。除了“冰”本身的稀贵，更重要的是，需要举国之力，才能实现自然冰的开采、窖藏与使用管理。

> 藏冰由冬至夏的自然损耗高达三分之二。因此，“长安冰雪，至夏日则价等金璧”。

在宋代以前，冰还不是光有钱就能用的，至少也得是士大夫，周代更要求是卿大夫。

通常只有这些豪门贵族才会被皇帝赏赐冰，并有资格在祭祀中使用，才有了“伐冰之家”的由来。

祭祀？没听错，冰又岂止是古人夏日消暑的必需品？祭祀、宴饮、大丧等各种活动，都离不开冰的使用，它关乎“天令之愆”与“民生之安”。因此，采冰之时，朝廷都要祭祀司寒之神。

这一传统可以追溯到西周时期，彼时已设立有专门掌管冰政的“凌人”。今天，在祖国的东北、新疆、西藏等地，仍有采冰人用传统的坚守，为世人编织醉人的“冰雪梦”。

凉，传承延续，爱而可得

西周的“凉”，战国的“挫糟冻饮”，大唐的“酥山”，雅宋的各式冰饮……中国人爱而难得却又孜孜追求的吃冰史，俨然诉说生活的理想模样。

“凉”风有信，浓香无边。泸州老窖坚持文化传承，创新开发“浓香六饮”之“凉”类中式特调酒，重拾中国人“心中有山水”的生活意趣，以爱而可得的东方冰饮，谱写中国白酒创意品饮的“梦华录”。

国宝窖池

梦华录

凉类中式特调酒

灵感

拾撷宋时的明月，添作杯盏的冰沙。伴随宋词的韵律，浅斟低酌，爱而难得的浓香风雅。

配方

国窖1573酒／乳酸菌饮品／荔枝汁／柠檬汁

口感

酒香优雅，荔枝果味突出，酸甜适中，协调爽净。

酒度 5~8 %vol

沁园春

凉 类中式特调酒

Ingredients 配方

国窖1573酒 / 番茄汁 / 黑加仑糖浆

石榴糖浆 / 柠檬汁 / 番茄酱

Taste 口感

酒体绵软顺滑，酸甜适宜，

鲜香浓厚，口留余香。

Inspiration 灵感

取《沁园春·雪》之意，雪之沁凉，春之生机，

化作跨越时空的浓香，品江山多娇，引英雄折腰。

酒度 Alcohol Content: 5~8%vol

医

“医”者善饮

酒药同源，善养身心

在中国传统文化中，酒、食、药，三者同源。周代“六饮”中的“医”，便是用粥酿成的饮料，比“醴”要清。泸州老窖“医”类中式特调酒，以浓香白酒为基酒，融入多种养生食材，谱写中华文化的和合之美。

国以“居天下之中”为正统，儒学以“中庸”为至德，中医以“中正平和”为准绳……

中国人素以“中”为“善”。中国文化中的一切美好与圆满，尽在这一“中”字。何以为“中”，以善养之。养人，养家，养国，养天地，养万物。深得“中”字精髓的中国人，总是琢磨怎样将生活中的万事万物，“养”得恰到好处，令人身心舒畅。即便是“利于病”的苦口良药，也不例外。

原本难以下咽的药物，被国人做成了美味醉人的饮食，成就了中国独一无二的药酒与药膳文化。

医酒同源，食而知“善”

医、食、酒的渊源，透过“醫”字，便足以窥得——以酒为引，通过烹饪的方式，制作成汤药，达到治疗的目的。

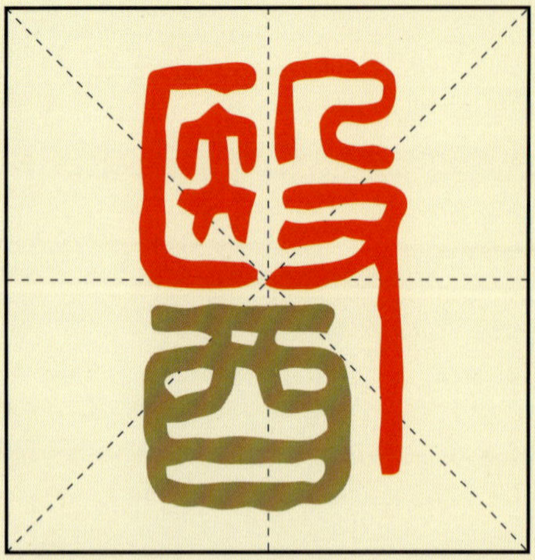

“醫”字，下“酉”（即酒）上“殹”（yì，病人的呻吟），已形象地说明酒的药用功能。

《黄帝内经》里提到的治病的“醪醴”，便是先用五谷熬煮，再经发酵酿造而成。而“汤液醪醴，皆酒之属”，这与周代“六饮”里的“医”如出一辙，“酿粥为醴则成醫”。用今天的大白话说，“医”是用粥加酒曲（周代为“曲蘖”）酿成的酒。“医”或“汤液醪醴”，是“医酒同源”“药食同源”理念的体现，深刻地影响着后世中医方剂学的发展。

被视为“中医方剂和汤药创始人”的商朝开国元勋伊尹，其厨师与医生的双重身份，让人不禁觉得中国人追求美味药酒药膳的传统，果然是血脉里自带的。

养生之道，以“善”为本

中国传统文化的阴阳学说，是中医的核心基础理论之一。中医认为，“善”即存乎天地间的阳气，能安舒身心，促进脏腑和谐，从而提升身体的整体机能，增强免疫力，远离诸邪。

> “人生有形，不离阴阳。”
> “主药之谓君，佐君之谓臣，应臣之谓使。”
> ——《黄帝内经·素问》

中医的最高境界，就是“治未病”，通过顺应四时节气，调理情志，调和阴阳，达到“天人合一”的状态，进而实现延年益寿。而这也正是中国传统的养生之道。

酒的诞生，又何尝不是对“善”的心向往之？身心俱善，说的不只是美好的感官品味，还有对延年益寿的追求。“为此春酒，以介眉寿”，古人很早就将酒与长寿联系在一起，并逐渐形成了饮酒祝寿的敬老传统。

寿星老人南极仙翁，其桃木手杖上总挂着一个酒葫芦。

药酒药膳的开创，则是对“善”的进一步演绎。良药苦口，对于止于至善的国人而言，多少有点不够完美。周代最名贵、最顶级的酒“郁鬯”，便是一种调和有郁金汁、香味浓郁的药酒。看来无论是人还是神，都不能免俗。古代药酒中的“网红”，当属桂酒，一种用玉桂酿制的药酒，据说“饮之寿千岁”，受到后世文人的喜爱，乃至成为美酒的代名词。

及至明代，药酒药膳的发展迎来了集大成的发展。明正德年间，太医院奉旨编撰的《食物本草》，是明代食药养生的集大成者，并深刻影响了本草学集大成之作《本草纲目》。

寓“善”于酒，养天下浓香

养生之道，莫先于饮食。

在全民健康时代，人们越来越重视养生，开始寻回传统健康而美好的饮食方式。

泸州老窖传承“医酒同源、食药同源”的食养智慧，在“至善”的感官品味中，探寻中国人的安养之道，分享中国白酒健康的品饮生活方式。

酒
醉翁洞

本草纲目

医类中式特调酒

灵感

寻几味本草，调一杯逍遥，待身与心合，在千年的食养智慧中，慢饮浓香东方的骄傲。

配方

国窖1573酒 / 柠檬汁 / 蜂蜜
兰花香铁观音茶汤

口感

兰花的幽远，酒的醇和，茶的优雅，三者和鸣，口齿生香。

酒度 5~8 %vol

醉相思

医类中式特调酒

Ingredients 配方

国窖1573酒 / 大红袍茶汤 / 蜂蜜 / 薄荷叶

花茶汤（洛神花、茉莉花、红枣一起冲泡）

Taste 口感

酒体饱满，酸甜爽口，酒香、茶香融合，柔和协调，香醇细腻。

Inspiration 灵感

长相思，短相思，长短皆无穷极。正因如此绊人心，方令人沉醉不已——

忍看山河远阔，人间烟火，无一是你，无一不是你。

酒度 Alcohol Content: 5~8%vol

配

“酏”见钟情

一杯酒的颜值主义

周代的“酏”，其实就是稀粥。郑玄注《周礼》，就明确说道：“酏，今之粥。”

泸州老窖“酏”类中式特调酒，以浓香白酒为基酒，搭配燕窝、血燕、桃胶等天然固态食材，以食入酒，传递有颜有料、表里如一的东方品饮美学。

对美的追求，是人类基因进化的动力。南茜·埃特考夫《漂亮者生存》一书中，从科学角度探讨美貌的观点，为解读当下流行的“颜值主义”提供了新趣的视野，颇让人心生顿悟。对“颜值”的推崇，源自人“向美而生”的天性。宛如人类探寻美酒、酿造美酒、分享美酒的历程，自然而然，从未止步。

颜值，表里如一的自我

颜值，关乎生存？这个看似妄谈的问题，需要回到我们自身的基因上才能解答。回望历史，不同时代的审美标准各有差异，最典型的便是“环肥燕瘦”，即汉代以清瘦为美，唐代以丰腴为美。

即便是同一时期，不同地域的审美标准也不一样。但从古至今，人类的审美倾向其实是大同小异的。“美者颜如玉”的古代颜值论，放在今天依然被大众所认可和接受。

一部分原因，归于审美基因的遗传。

人类社会初期，“高颜值”往往代表强壮健硕的身体和健康姣好的容貌，向异性乃至族群传递个体基因的“强大”与“健康”，这意味着可以获取更多的生存资源和择偶权力，更有利于生存繁衍。在长期的自然进化中，形成了人类“爱美”的天性。

但想要真正征服人心，则离不开“精神颜值”。

貌若潘安，固然人人向往。但像潘安般才华如江、至情至孝，又有几人？

颜如宋玉，或许一见倾心。但更令人倾心的，是“屈宋长逝，无堪与言”的才华横溢。

比“玉山倾倒”更为传唱的，是嵇康的“广陵绝响”；或许高长恭面具下的绝世容颜早已模糊，但歌颂其战功和美德的《兰陵王入阵曲》，却流芳至今……

无数鲜活形象都在诠释中国传统文化中的“相由心生”，就像一瓶美酒的酿造，颜值固然必不可少，但更重要的是匠心妙艺的加持和历经时间的沉淀。

从人物品藻，看魏晋风流

魏晋以前，颜值受儒家礼乐思想影响，虽是君子风度必不可少的加分项，但只是仪容的从属物。

魏晋时期，受汉代察举制影响的人物品评风气，注入了新的美学内容，不再只是东汉时夸夸其谈的品行名誉，而是“形神兼备”的人物品藻。而彼时备受推崇的颜值，只是其中的“形”。

魏晋是美男子当道的时代。“貌若潘安”“看杀卫玠”“傅粉何郎”“玉山倾倒”“龙章凤姿”“顾盼生姿”……你能想象到的赞美男神的成语，几乎都出自这个时代。

但每一个成语背后，却蕴藏着流传千古的名士风流，见证着魏晋名人在天下纷乱、生死无常的时代，孤傲地绽放，如夏花般绚烂，似秋云般消散……

魏晋男子的颜值之美，与那个时代自由洒脱、不拘一格的人格精神相得益彰，是一种入骨的风流气度。他们服药、清谈、纵酒山水间，“往外发现了自然，向内发现了自己的深情”。

彼时的颜值，更像是自恋似的深情，以顾盼生姿的姿态，品味生活的浓香。

中国酒的“美的历程”

生活的浓香，少不了赏心悦目的精致。而酒体的浓香，又何尝不是对“颜值”的孜孜追求？中国酒由寡至浓，由浊至清，由发酵酒到蒸馏酒的演变史，亦是一场探寻美、品味美的历程。

南宋佚名《归去来辞书画卷》

诗酒欢愉，一醉方休。翻开诗词，从不缺少对美酒颜值的盛赞，“玉碗盛来琥珀光”“绿蚁新醅酒”“垆头美酒玉无瑕”……而在当今风行的白酒品鉴活动中，酒的颜值依然是好酒与否的首要评判标准，也是吸引酒客的重要导向。

美，给人带来一种本然的愉悦，宛如周代的“酏”（酿酒的清粥），带来润物无声的身心滋养。泸州老窖传承东方美学情怀，汲取周代“六饮”的灵感，开创“酏”类中式特调酒，以一盏浓香，让世界品味中国白酒的风流。

酒

玉山倾

酏类中式特调酒

灵感

竹林吟啸，琴音袅袅。当来自魏晋的风流，跨越时空，拨奏东方美，须拚却，玉山倾。

配方

国窖1573酒 / 抹茶奶茶粉

苦荞 / 热水 / 干玫瑰 / 白芝麻

口感

抹茶的清新，融入淡淡奶液中，辅以苦荞和芝麻的清香，养身又暖心。

酒度 5~8 %vol

星筵

酏类中式特调酒

Ingredients 配方

国窖1573酒 / 雪燕 / 桂花糖浆 / 干桂花

黑枸杞 / 荔枝糖浆 / 蝶豆花

Taste 口感

细腻柔滑，一抹轻甜中，袅绕桂花的清香和美酒的浓香，

加之美如星河的酒体，给人带来视觉和味觉的双重享受。

Inspiration 灵感

天上星河转，人间帘幕垂。

以天地为席，把酒浮生梦，醉里山河安。

酒度 Alcohol Content: 5~8%vol

酒存岁月　心有山河

中式特调酒系列鉴赏

① 礼乐传世
② 守艺非遗
③ 醉悦四序
④ 寻找中国
⑤ 浓香世界
⑥ 轻咖生活

“盖中国之所以为中国者，以有礼义之风，衣冠文物之美也。”

自周公制礼作乐，奠定中国文化的走向，

无论朝代更迭、岁月沧海，我们坚守着同一片故土，

像生活在《诗经》中的人们，重复着先祖的故事，

以“礼”的存在，演绎中国式的秩序与理想。

礼乐
传世

礼乐传世

桃夭

Ingredients 配方

国窖1573酒 / 玫瑰糖浆 / 草莓力娇酒

蜜桃利口酒 / 柠檬汁 / 苹果汁

Taste 口感

色泽红润，清甜怡人，浓艳酒味舒适协调，回味悠长。

Inspiration 灵感

桃之夭夭，灼灼其华。

又是桃花烂漫的季节，去邂逅风，

遇见相携一生的人，憧憬和顺美满的未来。

酒度 Alcohol Content: 5~8%vol

礼乐传世

棠棣

Ingredients 配方

国窖1573酒 / 苏打水 / 金酒 / 苦橙力娇酒 / 威培

Taste 口感

多种美酒交融，酒体醇厚浓郁，协调醇和。

Inspiration 灵感

凡今之人，莫如兄弟，如棠棣之华，同根同源。
手足相亲，守望相助，
让远古人类得以抵御危险、延续生命，
也奠定今日构建人类命运共同体的价值基石，
酝酿浓香美好的未来。

酒度 Alcohol Content: 5~8%vol

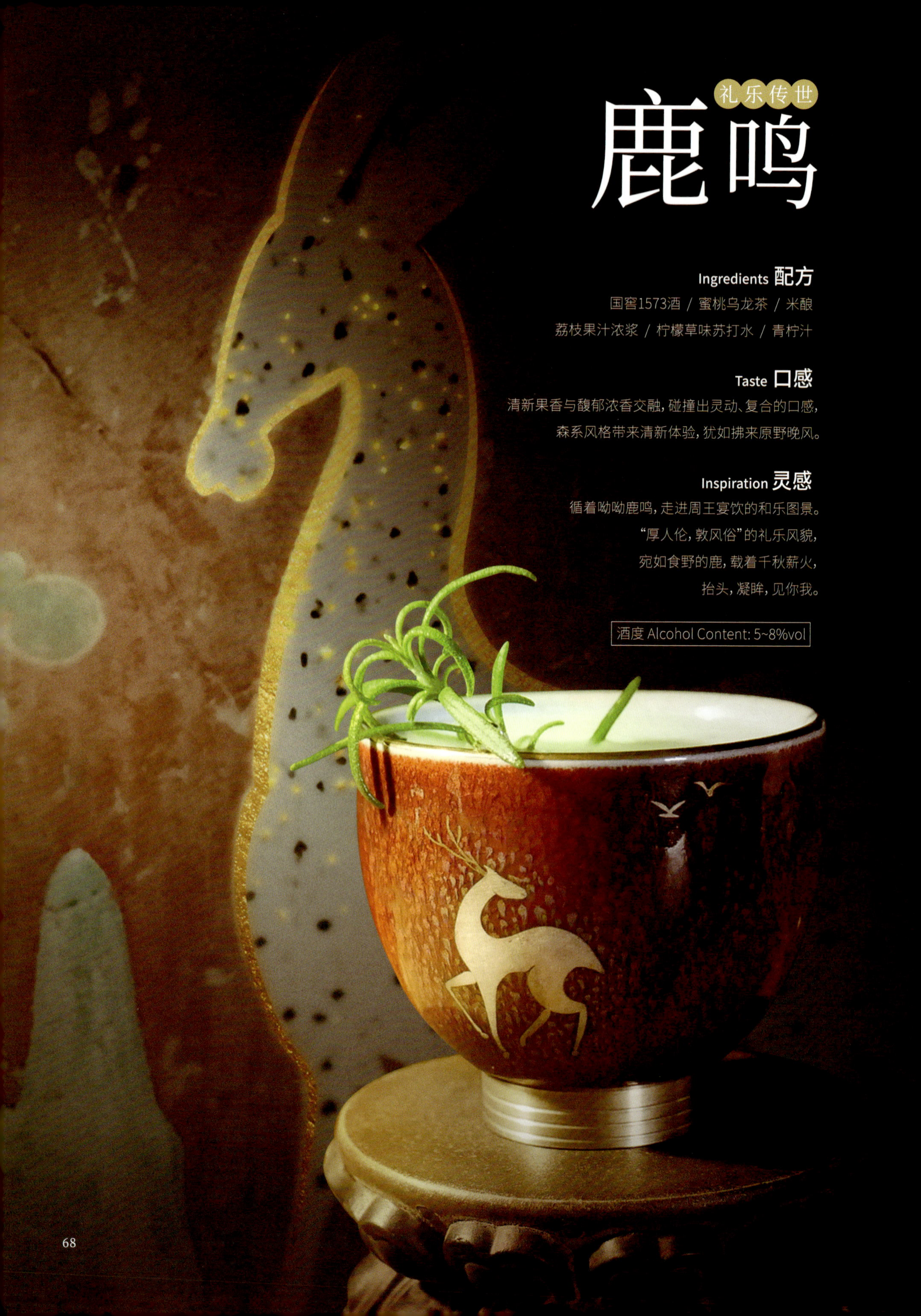

礼乐传世

鹿鸣

Ingredients 配方

国窖1573酒 / 蜜桃乌龙茶 / 米酿

荔枝果汁浓浆 / 柠檬草味苏打水 / 青柠汁

Taste 口感

清新果香与馥郁浓香交融，碰撞出灵动、复合的口感，

森系风格带来清新体验，犹如拂来原野晚风。

Inspiration 灵感

循着呦呦鹿鸣，走进周王宴饮的和乐图景。

“厚人伦，敦风俗”的礼乐风貌，

宛如食野的鹿，载着千秋薪火，

抬头，凝眸，见你我。

酒度 Alcohol Content: 5~8%vol

礼乐传世

丰年

Ingredients 配方

国窖1573酒 / 苹果醋 / 红茶 / 接骨木糖浆

Taste 口感

茶香飘飘，果香溢溢，酒体饱满，给人充实感。

Inspiration 灵感

关于祭祀的记忆里，总少不了酒，酝酿丰收，品味幸福。
源自五千年农耕文明的社稷守望，
以一杯虔诚的酒，致敬所来，祈福将去。

酒度 Alcohol Content: 5~8%vol

礼乐传世

鹤鸣

Ingredients 配方

国窖1573酒 / 蜜桃力娇酒 / 蓝柑糖浆 / 樱花糖浆 / 薄荷糖浆
柠檬汁 / 汤力水 / 黄柠檬片 / 薄荷叶

Taste 口感

蔚蓝色的酒体，带着国窖1573的柔和爽净，尽显轻盈舒畅。
再辅以柠檬与薄荷，清爽怡人。

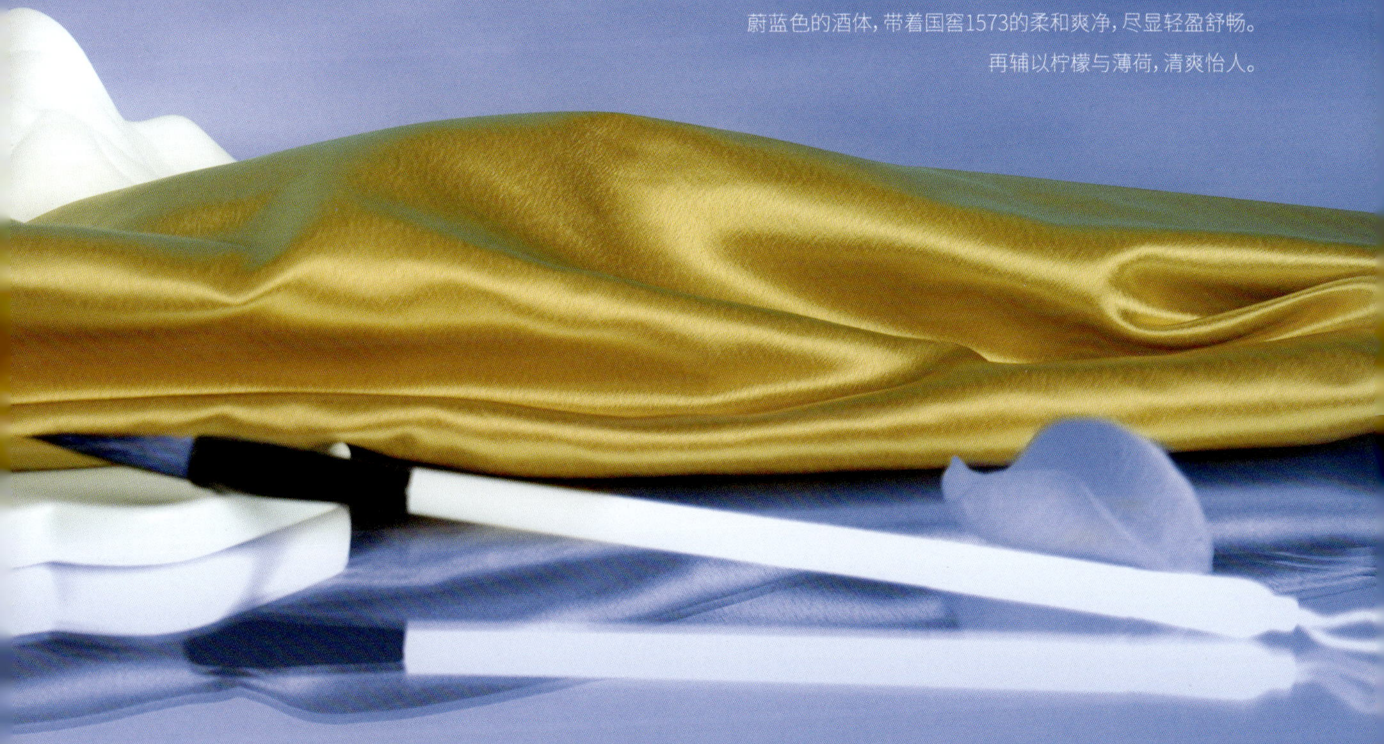

Inspiration 灵感

万物可爱是哪般？
有鹤鸣九皋，有鱼潜渊渚，有山川浩荡，有杯酒悠闲……
他山之石，可以攻玉；兼收并蓄，方成巍巍气象。
汉唐煌煌，中华泱泱，皆因此而传唱。

酒度 Alcohol Content: 5~8%vol

“没有人的文明，毫无意义。”

而传承非遗，便是传承以“人”为核心的技艺、经验、精神，

锁住“人”存在的记忆，让我们知过去、悟现在、明未来。

一个时代的非遗，拥有一个时代的表达，

它可以传统怀旧，也可以新潮时尚，

如创意的中式特调酒，以自适的形式，让非遗回归生活。

守艺
非遗

守艺非遗

一生所爱

Ingredients 配方

国窖1573酒 / 罗汉果 / 莲子心

Taste 口感

入口微甜，回味苦涩，恰如爱情滋味。

Inspiration 灵感

江湖若有声，想来定是洞箫声。
凡箫声一起，便勾勒出侠客吟啸的江湖情爱。
悠悠箫音，中国大韵，
那份醉人缠绵，又何尝不是守艺中国的一生所爱。

酒度 Alcohol Content: 5~8%vol

守艺非遗

影子传说

Ingredients 配方

国窖1573酒 / 橙味力娇酒 / 桂花糖浆

柠檬味苏打水 / 蝶豆花茶汤 / 青柠汁

Taste 口感

梦幻紫的酒体，在柠檬片的装点下，优雅而不失温暖。

口感馥郁醇甜，饱满舒适；蝶豆花茶汤与浓香美酒交融，唇齿留香。

Inspiration 灵感

光与影，人世间最平凡之物，

却通过皮影艺人的演绎，成为中国人最难忘的集体记忆之一。

光影邂逅，演绎方寸舞台的非遗故事，勾调乡野教化的“影子传说”。

酒度 Alcohol Content: 5~8%vol

守艺非遗

巴蜀记忆

Ingredients 配方

国窖1573酒 / 柠檬切罗 / 柠檬汁

青苹果利口酒 / 苦橙利口酒

抹茶利口酒 / 芹菜 / 辣椒 / 青花椒

Taste 口感

将浓香白酒、辣椒、花椒等川文化元素相融合，

酒体麻辣辛香，回味无穷。

Inspiration 灵感

在川酒、川茶、川菜中，

感受川人性格的一体两面，或热情耿直，或怡然豁达。

于人头攒动的茶舍，拨开喧嚣，寻片刻安逸，

在似武又似舞的铜壶茶艺中，品味川人浓淡皆宜的巴蜀记忆。

酒度 Alcohol Content: 5~8%vol

守艺非遗

小情歌

Ingredients 配方

国窖1573酒 / 新鲜生姜汁 / 干姜啤酒

青柠汁 / 苏打水 / 青柠 / 青花椒 / 肉桂

Taste 口感

新鲜姜汁的辛香，干姜汁的微甜，

以青柠调和，酒体平衡，清新爽口。

Inspiration 灵感

这是一首首简单的“小情歌”，

生于民，传于民，诉说最风土的诗意。

无关俗雅，浸润着柴米油盐，

唱出原乡生活的历久弥香，

勾调生命的百般姿态。

酒度 Alcohol Content: 5~8%vol

四序轮回，因时而食，中国人素有“不时不食”的习惯。

春生夏长，秋收冬藏，佐时而饮，从时光深处走来，

饮几分世间烟火，醉几分山水诗意……

酒起盏落，一杯中式特调，四季风物天华，

红袖添香，青衫吟雅，方寸天地，酒韵勾绘。

醉悦四序

醉悦四序

春醒人间

Ingredients 配方

国窖1573酒 / 绿荷糖浆 / 柠檬汁 / 气泡饮品 / 黄瓜

Taste 口感

酒体翠绿，薄荷香味突出，清新爽口。

Inspiration 灵感

江水初暖，春山新绿，试酒问故人，遥寄一杯春。
微雨浅草，聆听生命与梦想的悸动——
青春，当不负诗酒年华。

酒度 Alcohol Content: 5~8%vol

醉悦四序

夏倚清甜

Ingredients 配方

国窖1573酒 / 橙味君度 / 荔枝糖浆 / 气泡饮品 / 夏季时令水果

Taste 口感

酒体轻盈、清爽且芳香浓郁，
柔软香甜的果香口感，呈现出甜美风味。
舌尖味蕾被夏季水果的甘甜环绕，回味丰富醇香。

Inspiration 灵感

风荷清幽，一席残酒。
梦觉蛩音静，听棋子敲闲，水溅清圆。
相醉忘不掉的夏日时光，
渐入微醺到只听见心跳……

酒度 Alcohol Content: 5~8%vol

醉悦四序

秋吟醉兴

Ingredients 配方

国窖1573酒 / 荔枝糖浆 / 柠檬汁 / 菊花茶汤 / 铁观音茶汤

Taste 口感

幽幽菊花香和酒香，馥郁香甜，清爽又不失花果香，口感淡雅宜人，唇齿留香。

Inspiration 灵感

秋声如歌，思念如酒。似痴，鹤放归云，豪兴流连；

还醉，枫染层林，宁静致远。

且调白露一盏，唤醒，秋思无限。

酒度 Alcohol Content: 5~8%vol

醉悦四序

冬待酒客

Ingredients 配方

国窖1573酒 / 黑加仑汁 / 柠檬汁 / 柠檬草味苏打水 / 大红袍茶汤

Taste 口感

果味茶味协调，柠檬草的清香与酒香融合，口感层次丰富、酸甜适中。

Inspiration 灵感

立鹤听雪落，暖酒煮梅香。旭日已升，无所谓必等的酒与人，此间雅意，相逢即知音。醉时无声，沉浸冬的留白艺术。

酒度 Alcohol Content: 5~8%vol

诗缘情，情随物迁，酒助情生。

“诗酒琴棋客，风花雪月天”，

在酒的深情里，感受文学的温度，品味文化的情韵。

那杯间流连的，是红拂的心动，是荆轲的勇气，

是张岱的偶遇，是庄周的自在，是阿倍仲麻吕的知音……

寻找中国

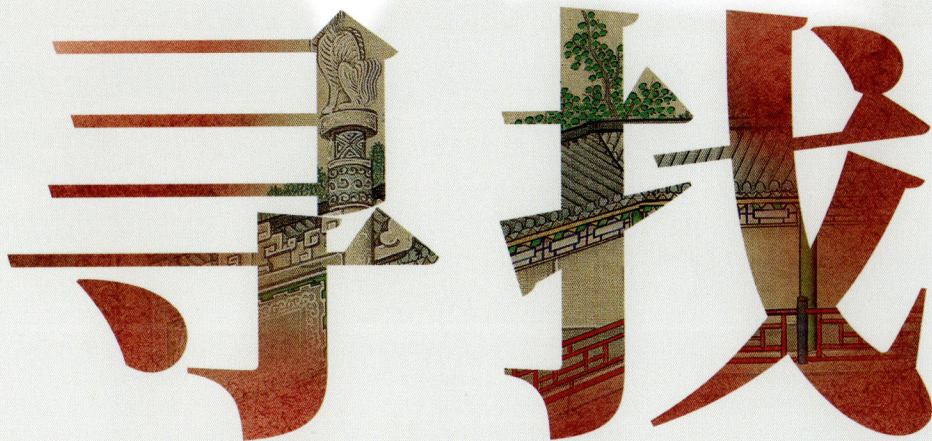

寻找中国

红拂夜奔

Ingredients 配方

国窖1573酒 / 蜂蜜 / 草莓汁 / 纯净水 / 食盐

Taste 口感

浓郁的草莓香气和酒香，入口绵密，
香甜中伴有微微的咸，果香明显，后味干净。

Inspiration 灵感

心动是什么？
是初次邂逅的一见钟情？
是天涯海角的患难相随？
心动是如酒的美好，带你抛却怯弱，
拥有“红拂夜奔”的勇敢。

酒度 Alcohol Content: 5~8%vol

寻找中国

湖心亭看雪

Ingredients 配方

国窖1573酒 / 柠檬汁 / 桂花糖浆 / 单糖浆 / 鸡蛋清 / 冰块 / 干桂花

Taste 口感

国窖1573的窖香味和粮香味与桂花香结合，
酒香浓郁醇厚，花香细腻优雅，泡沫丰富顺滑。

Inspiration 灵感

偶遇，有如张岱的湖心亭看雪，是遭遇陌生气息的奇妙体验，
是一次突然降临的惊喜，是一次不期而遇的美。
用一杯酒，与“惊喜”相遇，经历超越日常的美的瞬间。

酒度 Alcohol Content: 5~8%vol

易水寒

寻找中国

Ingredients 配方

国窖1573酒 / 薄荷叶

气泡饮品 / 龙舌兰酒 / 君度酒 / 柠檬汁 / 冰块

Taste 口感

国窖的绵甜爽快遇见现代饮品，

焦糖味、柑橘香气混合龙舌兰香气，

口感浓郁、层次丰富。

二氧化碳的气泡给口感带来更丰富的感觉，

薄荷香气清新自然、冰凉沁润。

Inspiration 灵感

面对宿命，你当如何抉择？

荆轲用“君子一诺、视死如归”的释怀，

诠释何为“勇气”。

饮尽此酒，放手一搏，

不为让世界看见，只为看见世界。

酒度 Alcohol Content: 5~8%vol

寻找中国

梦旅人

Ingredients 配方

国窖1573酒 / 水蜜桃汁 / 蓝橙力娇酒 / 紫罗兰力娇酒 / 柠檬汁 / 碎冰块

Taste 口感

香甜略酸，冰凉沁爽，国窖 1573 香味成分中带有的热带水果气息被释放出，与果香、花香融合，清淡冰爽。

Inspiration 灵感

人生的诗意是什么?是庄周梦蝶，“逍遥于天地之间,而心意自得”；
是日常里闪光的无数个“美的瞬间”；
是一杯酒带来的一次发现、一次释放、一瞬自在的品味……

酒度 Alcohol Content: 5~8%vol

寻找中国

望乡

Ingredients 配方

国窖1573酒 / 苦荞茶 / 茉莉花 / 抹茶奶茶粉

Taste 口感

抹茶的清新融入淡淡的奶液中，
衬托了苦荞茶天然的清香，
日式茶香与中式茶香相结合，配合传统白酒，
口感细腻伴有酒香。

Inspiration 灵感

对19岁入唐的阿倍仲麻吕来说，此心安处即吾乡。
何处心安？有懂我的酒和知己，有我喜欢的山巅和溪谷，
有我认同、仰慕的一切。
日本是我的故乡，盛唐更是我精神的故乡。

酒度 Alcohol Content: 5~8%vol

酒，跨越地理与种族，成为世界共通的语言。

以酒为媒，勾调同一个世界。

舞剧、体育、科幻、丝路……

跨纬度的触碰，传递中式意境的品饮审美。

酒香氤氲，以酒杯里的中国故事，让世界品味中国。

浓香
世界

浓香世界

澳网蓝

Ingredients 配方

国窖1573酒 / 荔枝糖浆 / 蓝橙力娇酒 / 柠檬汁

Taste 口感

抹茶的清新融入淡淡蓝橙力娇酒的橙味融合荔枝糖浆的荔枝味，
进发出复合层次的果香充盈整个口腔，酒香淡淡弥漫，
在柠檬汁的调和下，果香轻盈，酸度适中，尾调丰满。

Inspiration 灵感

被自然偏爱的澳网蓝，纯粹，深邃。正如被自然偏爱的浓香国酒，纯净，丰富。
国窖蓝与澳网蓝交织，如同国窖1573与澳网的完美合作。

酒度 Alcohol Content: 5~8%vol

浓香世界

PANDA 1573

配方 Ingredients

国窖1573酒 / 气泡饮品 / 黄瓜片 / 柠檬

口感 Taste

酒体清新自然，搭配柠檬、薄荷，
为来宾带来一份“中国味道”。
以憨态可掬的熊猫装点，
让品饮者感受巴蜀特有的白酒
技艺传承、创新态度与国宝文化，
与知己共饮，分享酒之真谛。

灵感 Inspiration

国宝熊猫、国宝技艺、国宝窖池，
汇聚方寸天地，演绎“中国味道”。
举杯品味间，无处不彰显
中国符号与蜀地韵味，
传递中国白酒的
传承使命和创新态度。

酒度 Alcohol Content: 5~8%vol

浓香世界

丝路连中巴

Ingredients 配方

国窖1573酒 / 蓝橙力娇酒

柠檬汁 / 气泡饮品 / 椰子糖浆 / 火龙果

Taste 口感

酒体呈现紫蓝色渐变，口感清爽，

蓝橙和椰子糖浆与酒融合协调，

清新淡雅、闻着有股淡淡的蓝橙果味。

Inspiration 灵感

这款酒是为纪念中巴建交一周年而特别设计创作，

包含了中国、巴拿马两国国旗的颜色。

海上丝绸之路是中国与世界连接的重要桥梁，

是中国文化与世界文化交流的重要纽带。

谨以此酒，致敬中巴友谊的紧密长存。

酒度 Alcohol Content: 5~8%vol

浓香世界

星云海洋

Ingredients 配方

国窖1573酒 / 君度力娇酒 / 蓝橙力娇酒

蓝莓汁 / 草莓糖浆 / 柠檬汁

Taste 口感

酒体呈现银河海洋的效果。

国窖1573的幽雅窖香，夹着蓝莓、草莓、柠檬的果香，口感协调舒适，酸甜爽净。

给品饮者带来视觉和味觉的双重极致感受。

Inspiration 灵感

这款酒是为纪念全球华语科幻星云奖十周年庆典而特别设计创作。

酒体采用了银河、星象等科幻元素，意在为携手推动中国科幻文学、科幻事业的繁荣发展而举杯。

酒度 Alcohol Content: 5~8%vol

白酒与咖啡，沉醉与清醒，古典与现代，君子与绅士，

不一样的感官之旅，品味一样的生活理想——

以既“轻”又“潮”的生活态度，打破黑与白的界限，

随心而往，享受轻卡低糖、自由精致的品饮生活。

轻咖生活

轻咖生活

心动主义

Ingredients 配方

国窖1573酒 / 咖啡 / 接骨木糖浆

苏打水 / 桂皮 / 干柠檬片

Taste 口感

白酒、咖啡与接骨木花三者融合协调，酒香、烘培香、花香相得益彰。

Inspiration 灵感

很多时候，令人心动的，不是海誓山盟的情话，

而是心与心的共鸣——

品味那份别人不能给予的轻松与安宁。

酒度 Alcohol Content: 5~8%vol

爵醒年代

Ingredients 配方

国窖1573酒 / 咖啡 / 君度力娇酒

柠檬汁 / 蜂蜜 / 三角豆(打泡)

Taste 口感

醇和的酒香中,协奏果香与烘培香,

口感细腻优雅,风味突出。

Inspiration 灵感

古老的东方酒爵,勾勒现代生活的故事感,

以打破时空的品饮精彩,玩转年轻时尚的生活态度。

酒度 Alcohol Content: 5~8%vol

轻咖生活

快乐冒泡

Ingredients 配方

国窖1573酒 / 咖啡 / 气泡饮品 / 茉莉糖浆

Taste 口感

柠檬汽水的气泡感与咖啡的醇厚感，带来特别的味蕾感受，
伴随优雅酒香入口，清爽甘洌，回味悠长。

Inspiration 灵感

抛却过分的“伪自律”，沉醉内在的真正平衡，
就像偶尔的碳水生活，令人快乐到冒泡。

酒度 Alcohol Content: 5~8%vol

轻咖生活

迷迭香

Ingredients 配方

国窖1573酒 / 咖啡 / 红茶糖浆

干姜水 / 白啤 / 迷迭香

Taste 口感

红茶与咖啡交融，再与白酒调配，咖啡的苦、茶味的涩、白酒的香，相辅相成，口感协调，层次丰富。

Inspiration 灵感

微醉的浓香，白啤的气泡，盛满简单轻爽的生活，随风飘扬迷迭香的味道。

酒度 Alcohol Content: 5~8%vol

轻咖生活

半醉轻欢

Ingredients 配方

国窖1573酒 / 冷萃咖啡液 / 甘露咖啡力娇酒

柠檬汁 / 陈皮糖浆 / 肉桂粉

Taste 口感

咖啡与白酒的碰撞，再融合陈皮的柑橘香与肉桂的桂皮香，

口感馥郁幽香，浓厚饱满。

Inspiration 灵感

人间有味是“轻”欢。美酒加咖啡，一杯又一杯，

一半是烟火，一半是欢喜的自己。

酒度 Alcohol Content: 5~8%vol

中式特调酒的基础知识

中式特调酒的创新先行

中式特调酒是独属中国（白酒）的鸡尾酒，有着与世界鸡尾酒相通却独立的品饮体系。它植根于浩瀚深邃的东方品饮文化，又以创新引领的风采，成为中国白酒年轻化、国际化的“旗手”，与当今新质生产力的国策导向不谋而合。

制定行业标准，奠定行业权威

作为中式特调酒的开创者，泸州老窖一直致力中式特调酒的标准化建设，不断推动中国白酒高质量发展。

2023年，泸州老窖通过四川省食品生产安全协会，牵头起草了关于《中式特调酒调制技术规范》的团体标准，首次对“中式特调酒”的概念和范围进行了定义，并规定了中式特调酒的术语和定义、分类、技术要求、调制工艺、调制流程、器具等内容。

【**中式特调酒的定义**：以中国白酒为基酒，选择中国本土生产的天然安全的茶、果、蔬等特色农产品及其加工制品为配料，辅以其他食品调味，经调制形成以审美价值和品饮乐趣为主的即调即饮酒。】

这一开创性举措，是行业对泸州老窖持之以恒创新白酒品鉴与非遗传播的认可。“中式特调酒”这一全新概念，正式由“网红热词”成为“权威话语”。

该团体标准的制定，一定程度上填补了行业内中式特调酒技术规范的空缺，并为构建中式特调酒调制技艺体系打下了基础，有力促进了中式特调酒领域的技术规范和技艺提升。

拓展白酒文化内涵，挥洒中国白酒魅力

泸州是“中国浓香型白酒文化起源地”，泸州老窖是川酒头部品牌。因此，由泸州老窖开创的中式特调酒，当仁不让地成为川酒发展的重要创新，是中国白酒发展的新形态。

与川酒同仁一样，泸州老窖也一直在探索川酒与川菜、川茶、川景等多元产业和文化的深度融合，深挖川酒文化内涵外延，向世界展示川酒乃至中国白酒的独特魅力。

2023年，四川省首届中式特调酒技能大赛在泸州成功举办。本次大赛由四川省总工会牵头主办，四川省财贸轻化纺工会、泸州市总工会承办，泸州老窖股份有限公司、中国职工技术协会白酒酿造与酒体设计专业委员会等多家单位协办。

这场高质量的中式特调酒技能大赛，成功地将川酒与川菜、川茶、川景等多元产业与文化进行了深度融合，不仅为广大优秀调酒师提供了一个展示技能、切磋技艺的平台，为行业挖掘了大量的人才和创新成果，而且助力了中国白酒行业的品质升级、技术创新和人才升级，推动了中国白酒文化内涵的国际化表达！

大赛中，泸州老窖的品鉴师们设计出多款创意非凡的中式特调酒作品，取得了一系列优异成绩。以中式味蕾记忆，焕发东方味道，这不仅是品鉴师们对心中川酒、川味、川情的演绎，也在不经意间彰显了泸州老窖在中式特调酒领域的行业引领力。

《兴酣落笔摇川岳》——四川省首届中式特调酒技能大赛一等奖

《酒醒蜀川一瓯茶》——四川省首届中式特调酒技能大赛一等奖

《在四川遇鉴你》—— 四川省首届中式特调酒技能大赛获奖作品

《西岭千秋雪》—— 四川省首届中式特调酒技能大赛获奖作品

未来，泸州老窖将始终秉承创新非遗传承和培育、发展白酒新质生产力的理念，不断探索中国白酒的创新表达，为中国白酒创新发展贡献“浓香智慧”，让世界品味中国！

泸州老窖“六饮之道”酒道鉴赏

礼乐中国，品饮有道

源承周礼，艺述当代，泸州老窖秉持文化初心，淬炼文化自信，融入世界鸡尾酒语言，表达中国故事，原创“浓香六饮”。

国窖1573·六饮之道，以“六饮”为基，呈演专属酒道，融汇东西方调酒、仪礼与现代表演艺术于一体，生动诠释传统“中国味道”与世界融合的新表达。

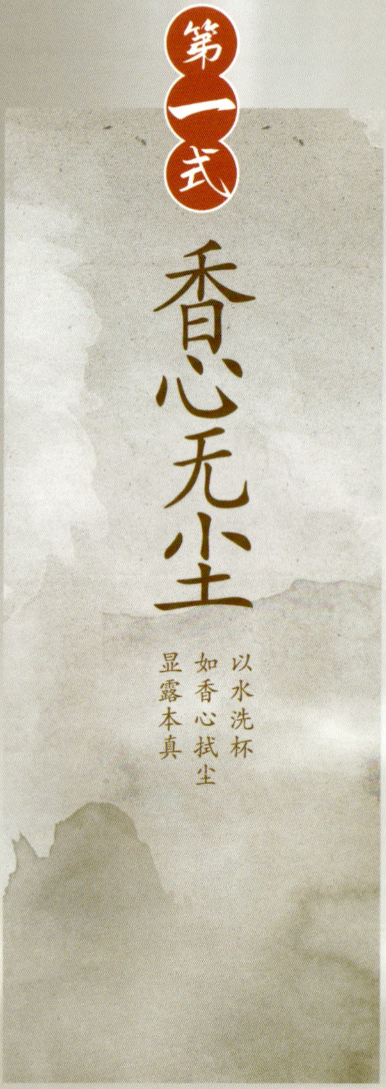
第一式
香心无尘
以水洗杯
如香心拭尘
显露本真

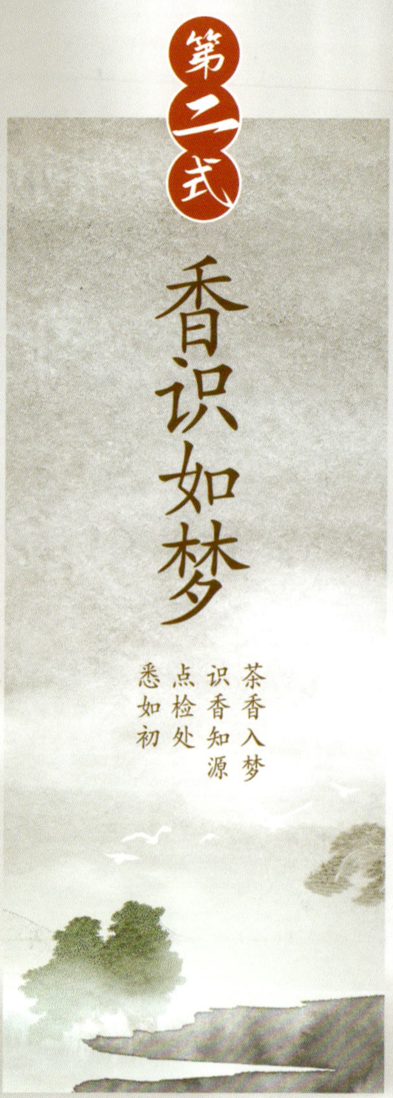
第二式
香识如梦
茶香入梦
识香知源
点检处
悉如初

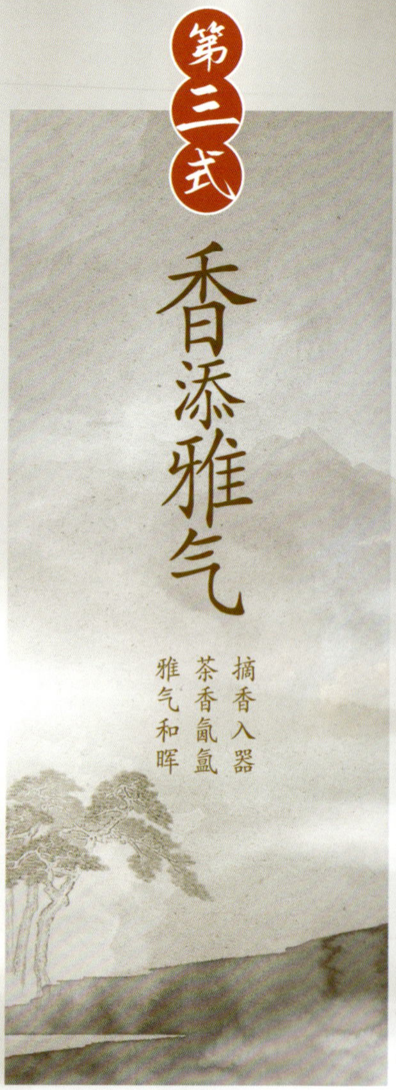
第三式
香添雅气
摘香入器
茶香氤氲
雅气和晖

國窖1573

六饮之道

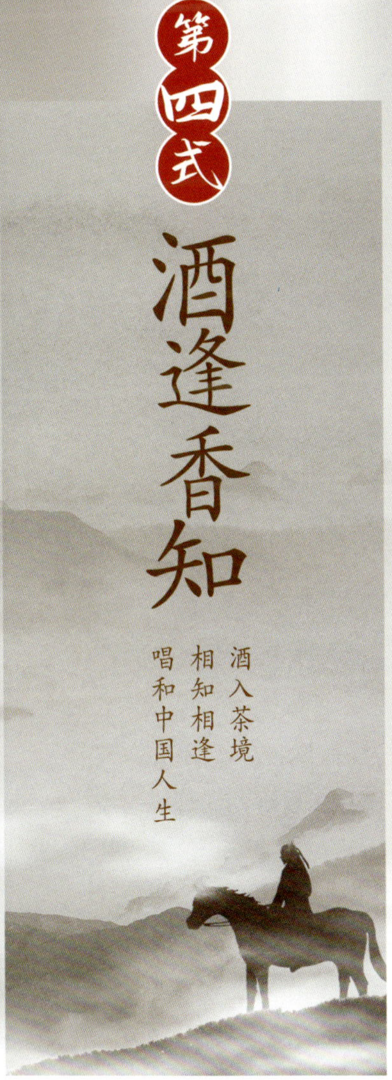
第四式
酒逢香知
酒入茶境
相知相逢
唱和中国人生

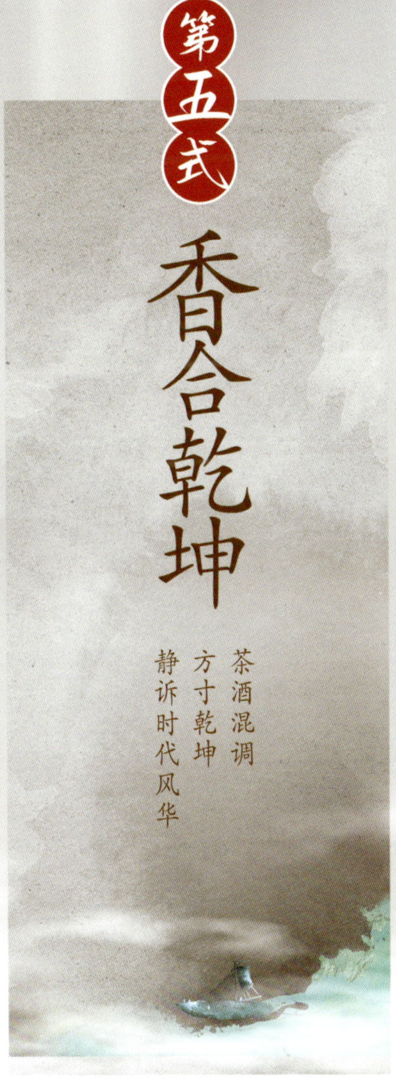
第五式
香合乾坤
茶酒混调
方寸乾坤
静诉时代风华

第六式
浓香中国
巧心以饰
待此时
酒出东方
浓香世界

调制中式特调酒的常用器具

调制器皿

调酒壶　　　　苦味瓶　　　　国窖1573分酒器

- **调酒壶**　使用“摇和法”调制中式特调酒的器具，将冰块和原料放入其中充分混合。
- **苦味瓶**　盛放苦精酒的专属容器。
- **国窖1573分酒器**　分取国窖1573酒的专属器皿，常用于调制水类中式特调酒。
- **搅拌匙**　用以搅拌中式特调酒或特调酒中的水果、砂糖等食材的器具。
- **滤网**　将混合饮品倒入酒杯时，用以过滤冰块、泡沫、果粒、果皮、植物碎块等弃渣的勺形器具。

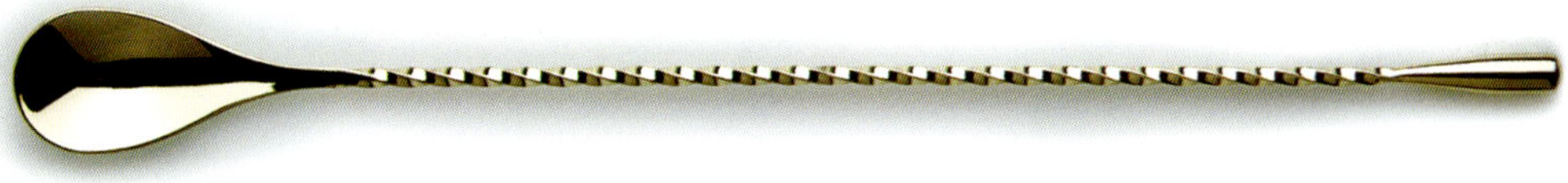

搅拌匙

滤网

盎司杯

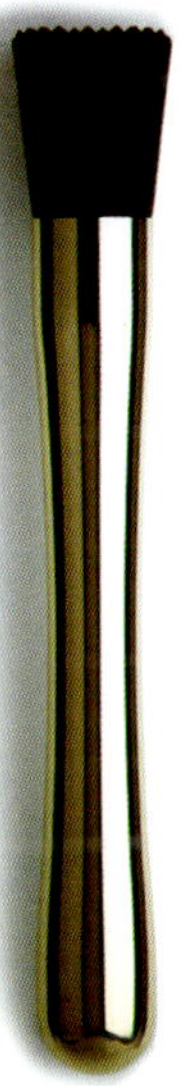

捣棒

取冰夹

分茶器

- **盎司杯**　量取国窖1573酒、茶汤、蔬果汁、利口酒等液体材料的器具。
- **捣棒**　用于捣碎水果、冰块或其他食材的器具。
- **取冰夹**　用以夹取冰块，以免冻伤。
- **分茶器**　泡制、分取茶汤的器具，常见于制作“医”类中式特调酒。

装饰器物

中式酒托

中式主题杯挂

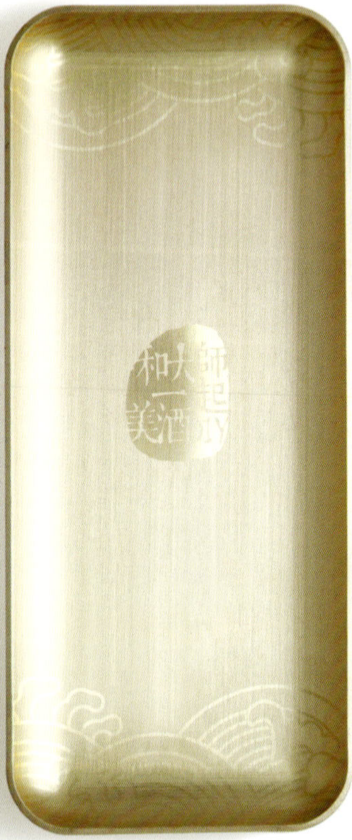

食材盛器

- **中式酒托** 用以搭配中式酒杯用。

- **中式主题杯挂** 以中国传统文化为灵感的装饰用器物，增添中式特调酒的东方品饮趣味。

- **食材盛器** 盛放中式特调酒调制原料的器具，中式、西式风格均有，但以中式风格为主，形式多样。

酒杯搭配

中式主题茶杯

中式主题酒杯/中国传统饮酒器

国窖1573酒杯

其他常用鸡尾酒杯

- **中式主题茶杯**　具有浓郁中国文化的品饮器皿，以茶具作酒器用。
- **中式主题酒杯/中国传统饮酒器**　传递中式生活美学的酒杯。
- **国窖1573酒杯**　用以品饮国窖1573的专属酒杯。
- **其他常用鸡尾酒杯**　包括香槟酒杯、葡萄酒杯、洛克杯、白兰地杯、威士忌杯以及各种异形杯。

中式特调酒的调制技法

兑和法

将调制中式特调酒的基酒和辅助原料直接倒入酒杯混合调制的简单技法。

1 准备好食材及工具

2 将配料倒入酒杯中

3 将桂花绿茶倒入酒杯中

4 将养乐多倒入酒杯中

5 将桂花糖浆倒入酒杯中

6 将国窖1573白酒倒入酒杯中

7 将混合后的酒液倒入中式酒杯

8 将海苔放于酒杯之上

9 将金箔放于海苔之上

10 完成

國窖
1573

中式特调酒的调制技法

调和法

将冰块和原料放入调酒杯，再用搅拌匙混合搅动的技法。

1 准备好食材及工具

2 将青苹果汁倒入调酒杯中

3 将抹茶利口酒倒入调酒杯中

4 将菠萝汁倒入调酒杯中

5 将国窖1573白酒倒入调酒杯中

6 将冰块加入调酒杯中

7 用搅拌匙调和均匀

8 完成

摇和法

通过调酒壶调配基酒、冰块、辅助原料制作中式特调酒的方法。

1 准备好食材及工具

2 将大红袍茶汤倒入调酒壶中

3 将洛神花、茉莉花、红枣泡制的茶汤倒入调酒壶中

4 将蜂蜜倒入调酒壶中

5 将国窖1573白酒倒入调酒壶中

6 将冰块放入调酒壶中

7 用手摇匀调酒壶中酒液

8 将酒液倒入酒杯中

9 将薄荷叶放入酒杯中

10 完成

國窖

搅和法

用搅拌机搅拌原料的一种技法。

1 准备好食材及工具

2 将荔枝汁倒入盎司杯计量

3 将荔枝汁从盎司杯倒入杯中

4 将乳酸菌倒入盎司杯计量

5 将乳酸菌从盎司杯倒入杯中

6 将柠檬汁倒入盎司杯计量

7 将柠檬汁从盎司杯倒入杯中

8 将国窖1573白酒倒入盎司杯计量

9 将国窖1573白酒倒入杯中

10 用搅拌匙调和均匀

11 将酒液倒入搅拌机制成冰沙

12 将三色花放于酒杯之上

13 完成

【中式特调酒】

- 泸州老窖秉持文化初心，传承非遗技艺，融入世界鸡尾酒语言，表达中国故事，分享东方品饮乐趣，首创“中式特调酒”。它以白酒为基酒，将白酒悠久的品味艺术与多元的中式食材调配，创作出前所未有的口感和风味。

【浓香六饮】

- 泸州老窖以“周代六饮”为灵感，提炼中国传统文化经典意象，融入世界鸡尾酒语言，而开创的中式特调酒体系。
  共分为六大品类：
  水（无色中式特调酒）、浆（蔬果类中式特调酒）、醴（MIX中式特调酒）
  凉（沙冰中式特调酒）、医（养生中式特调酒）、酏（养颜中式特调酒）

【国窖1573·六饮之道】

- 泸州老窖为专属展示中式特调酒魅力而开创的酒道表演，融汇东西方调酒、仪礼与现代表演艺术于一体，生动诠释传统“中国味道”与世界融合的新表达。

【基酒】

- 在制作中式特调酒的过程中作为主体部分的传统白酒。

【冰饮/冰镇】

- 泸州老窖国家级品酒大师通过反复实验与品鉴，发现通过冰镇，国窖1573原本的醇香再度聚集，在冰镇至8～15°C之间饮用口感舒适，尤其在12°C时，酒分子结构达致最和谐状态。此时，国窖1573口感非但不会降低，品尝起来香气幽雅、窖香浓郁、醇甜柔和、丰满细腻、爽净怡人，口感更纯、更顺。

【糖浆】

• 用于制作中式特调酒的各类风味糖浆，以水果风味见多，如椰子糖浆、荔枝糖浆、苹果糖浆、薄荷糖浆、白巧克力糖浆、接骨木花糖浆等。

【蔬果】

• 制作中式特调酒（尤其是“浆”）的常用辅料，或是用作榨取新鲜蔬果汁，或是用作中式特调酒的装饰物。

【沙冰】

• 一种融合水果与冰淇淋的凉饮。

【养生食材】

• 具有养生功能的传统中药食材，如茶、大枣、枸杞、山楂等。在中式特调酒的调制中，以茶汤最为常见，如普洱茶汤、龙井茶汤、大红袍茶汤等。

【养颜食材】

• 在中式特调酒中，主要是指具有高营养价值的天然固态食材，如燕窝、血燕、桃胶等，常用于调制“酡”类中式特调酒。

【盎司】

• 量取液体原料的一种计量单位，1盎司约为30毫升。